Von Oberstudienrätin Hanna Lipp-Thoben, Kassel
und Studienrätin Petra Jany, Göttingen
2., durchgesehene und erweiterte Auflage

Inhaltsverzeichnis

	Seite
Ägypten/Zweistromland	1
Griechen	5
Römer	7
Germanen	9
Romanik/Gotik	11
Renaissance	15
Barock	17
Rokoko	19
Renaissance/Barock/Rokoko	21
Directoire/Empire	23
Biedermeier	25
Zweites Empire	27
Gründerjahre	29
20. Jahrhundert, Jugendstil	31
Allgemeine epochenübergreifende Aufgaben	33

Die Deutsche Bibliothek – CIP-Einheitsaufnahme

Lipp-Thoben, Hanna:
Arbeitsblätter für Friseure / Lipp-Thoben; Jany. – Stuttgart:
Teubner
3. Stilkunde und Frisurengeschichte
Schülerausg. – 2., durchges. und erw. Aufl. – 1992
   ISBN 978-3-519-15708-3   ISBN 978-3-663-11961-6 (eBook)
   DOI 10.1007/978-3-663-11961-6
Lehrerausg. – 2., durchges. und erw. Aufl. – 1992

Das Werk, einschließlich aller seiner Teile, ist urheberrechtlich geschützt.
Jede Verwertung in anderen als den gesetzlich zugelassenen Fällen bedarf
deshalb der vorherigen schriftlichen Einwilligung des Verlages.
© Springer Fachmedien Wiesbaden 1992
   Ursprünglich erschienen bei B.G. Teubner Stuttgart 1992

Gesamtherstellung: Passavia Druckerei GmbH Passau
Umschlaggestaltung: Peter Pfitz, Stuttgart

12 Stilkunde und Frisurengeschichte

12.1.1/12.1.2

Name: Klasse: Datum:

Ägypten (etwa 2800 bis 700 v. Chr.)

① Erklären Sie folgende Begriffe aus der ägyptischen Kultur.

a) Kalasiris — Hemdartiges, gefälteltes Gewand

b) Pyramide — Grabstätte

c) Pharao — Ägyptischer König

d) Lendenschurz — Bekleidung der Männer

e) Klaft — Kopftuch

f) Fellachen — Bauern und Landarbeiter

g) Hieroglyphen — Bilderschrift (ca. 6000 Bildzeichen)

② a) Welche Staaten und Inseln überfliegen Sie auf dem direkten Weg von Frankfurt/Main nach Ägypten?

Österreich, Italien, Jugoslawien, Albanien, Griechenland, Kreta

b) Wieviel Jahre liegen die Anfänge der ägyptischen Kultur zurück? etwa 4790 Jahre

③ In Aufgabe 2b haben Sie festgestellt, daß der Beginn der ägyptischen Kultur lange zurückliegt. Trotzdem haben wir viele Kenntnisse über die Ägypter. Woher haben die Forscher ihr Wissen?

Grabfunde in Pyramiden, Reliefs, Mosaike, Vasen und Bilder, Papyrusschriften

④ Wie heißt die abgebildete Schrift? Hieroglyphen

⑤ Zeichnen Sie hier das typische Make-up und die Frisur einer Ägypterin ein.

⑥ Sie sehen unten die Totenmaske von Tut-Ench-Amun abgebildet. Woran erkennt man, daß es sich um eine Königsmaske handelt?

Klaft, Kinnbart

© B. G. Teubner Stuttgart 1992

⑦ In welcher Arbeitstechnik wurden Wollperücken hergestellt?

Tressieren

⑧ a) Beschreiben Sie die Schönheitspflege einer vornehmen Ägypterin.

Tägliches Bad, eine spezielle Sklavin salbte ihre Herrin danach ein. Eine andere Sklavin kümmerte sich um die Haare, eine dritte schminkte ihr Gesicht mit kräftigen Farben, die Augen wurden mit schwarzer Farbe umrandet; Handflächen und Fingernägel wurden mit Henna rot gefärbt.

b) Warum war den Ägyptern die Körperpflege so wichtig?

Das Klima und die leichte Bekleidung erforderten tägliche Bäder, die austrocknende Wirkung der Sonne mußte durch Salben und Cremes ausgeglichen werden.

⑨ Unsere Abbildung zeigt eine Grabmalerei. Es handelt sich um das Bild des Verstorbenen, der mit seiner Frau am Tisch mit den Opfergaben sitzt. Er atmet den Duft einer Lotosblüte ein, ein Symbol für die Wiedergeburt.

a) Welche Dinge wurden den Toten in die Grabkammer mitgegeben?

Artikel zur Körperpflege z.B. Rasiermesser, Kamm, Spiegel, Schminke, Salben

Getränke und Speisen

Bekleidung und Schmuck

b) Erklären Sie das "Hütchen" auf den Köpfen des Ehepaars.

Es handelt sich um Balsamkegel, deren Duftöle sich beim Schmelzen durch die Sonne im Haar verteilten.

c) Für die ganz Kreativen eine Zusatzaufgabe: Worüber unterhalten sich die beiden? Formulieren Sie einen Dialog!

12 Stilkunde und Frisurengeschichte

Name: Klasse: Datum:

Ägypten / Zweistromland

① An welchem "modischen" Merkmal können Sie ägyptische Männer und Männer aus dem Zweistromland unterscheiden?

Ägypter trugen bis auf hohe Beamte/Priester/Königspaar keine Bärte, Männer aus dem Zweistromland dagegen sorgfältig gelockte Bärte.

② Warum ist über die Frauen aus dem Zweistromland wenig bekannt?

Auf den hauptsächlich kriegerischen Darstellungen sind ganz selten Frauen abgebildet.

③ Sie sehen einen Ausschnitt aus der Wandmalerei in einer ägyptischen Grabkammer.

a) Woran erkennt man, daß die auf der rechten Seite dargestellten Personen keine Ägypter sind?

Sie tragen Bärte und langes Kopfhaar.

b) Warum wirkt die Körperhaltung der links abgebildeten Personen so fremd?

Der Kopf ist von der Seite, der Oberkörper von vorn dargestellt, der Rumpf wieder von der Seite.

④ Nehmen Sie einen Atlas zur Hilfe und tragen Sie heutige Grenzen und 12 Ländernamen in die Karte Ägyptens und des Zweistromlands ein.

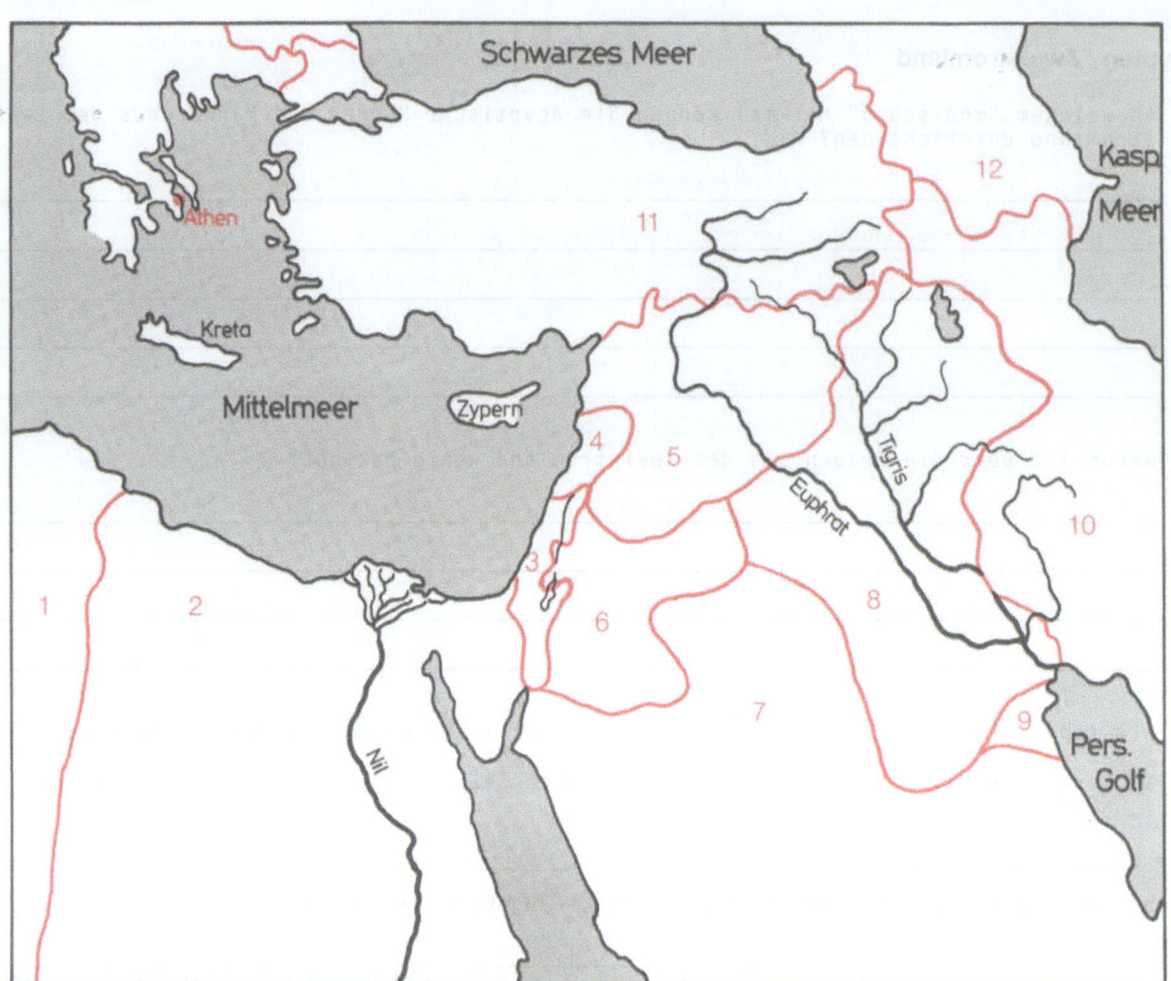

1 Lybien

2 Ägypten

3 Israel

4 Libanon

5 Syrien

6 Jordanien

7 Saudi-Arabien

8 Irak

9 Kuwait

10 Iran

11 Türkei

12 ehem. UdSSR (GUS)

12 Stilkunde und Frisurengeschichte

12.1.3

Name: Klasse: Datum:

Griechen (etwa 1500 bis 150 v. Chr.)

① Die griechische Kultur hat die europäische so grundlegend beeinflußt, daß Sie auch einige allgemeinbildende Kenntnisse aus der griechischen Antike haben sollten.

a) Who is who (Wer war's)? Sie dürfen ein Lexikon benutzen.

Zeus	Gottvater	Perikles	Staatsmann
Euklid	Mathematiker	Homer	Dichter
Pythagoras	Philosoph und Mathematiker	Hippokrates	Arzt
Sokrates	Philosoph	Aeschylos	Tragiker

b) Klären Sie diese Begriffe:

Polis	Stadtstaat
Akropolis	Stadtburg von Athen (altgriechisch)
Mäander	Zierband, typisch griechisches Muster
Hetäre	gebildete Freundin und Geliebte bedeutender Männer
Amphore	Gefäß mit zwei Henkeln
Vollbürger	Bürger mit Wahlrecht

② Welche der Aussagen zur Staatsform treffen auf die griechische Antike zu? Kreuzen Sie an.

☐ a) Die Griechen wurden von einem Kaiser regiert (Monarchie).

☐ b) Männer und Frauen wählten Volksvertreter, so daß eine demokratische Regierung entstand.

☒ c) Die Stadtstaaten hatten eine Volksversammlung, an der nur Vollbürger teilnehmen konnten. Frauen, Nichtbürger und Sklaven waren nicht stimmberechtigt.

☐ d) Ein Kaiser regierte zusammen mit dem Adel das Volk.

③ Kennzeichnend für das antike griechische Lebensideal (Harmonie und Schönheit) ist der Spruch: "In einem gesunden Körper wohnt ein gesunder Geist!" Mit welchen Maßnahmen und Mitteln strebten die vornehmen Griechen dieses Ideal an?

Gymnastik, Schönheitspflege, tägliches Bad, Massagen, Salben, Öle, Schminke

④ Mit welchem "Werkzeug" lockten die Sklavinnen das Haar ihrer Herrin?

Calamistrum

⑤ Obwohl bei den "Städtischen Jünglingen" langes, gelocktes Haar modern war, trugen die Sportler und Soldaten kurze Locken. Warum?

Kurzhaarfrisuren waren praktischer und leichter zu pflegen, außerdem wollten sie sich optisch von den Stadtjünglingen abgrenzen.

⑥ Beschreiben Sie die Kleidung der Griechen.

Frauen und Männer trugen über dem Untergewand aus Leinen (Chiton) ein wollenes, gemustertes Obergewand (Himation), das mit Spangen gehalten wurde.

© B.G. Teubner Stuttgart 1992

⑦ Zeichnen Sie typische Frisuren der Griechinnen.

    a) archaische Zeit   b) klassische Zeit   c) hellenistische Zeit

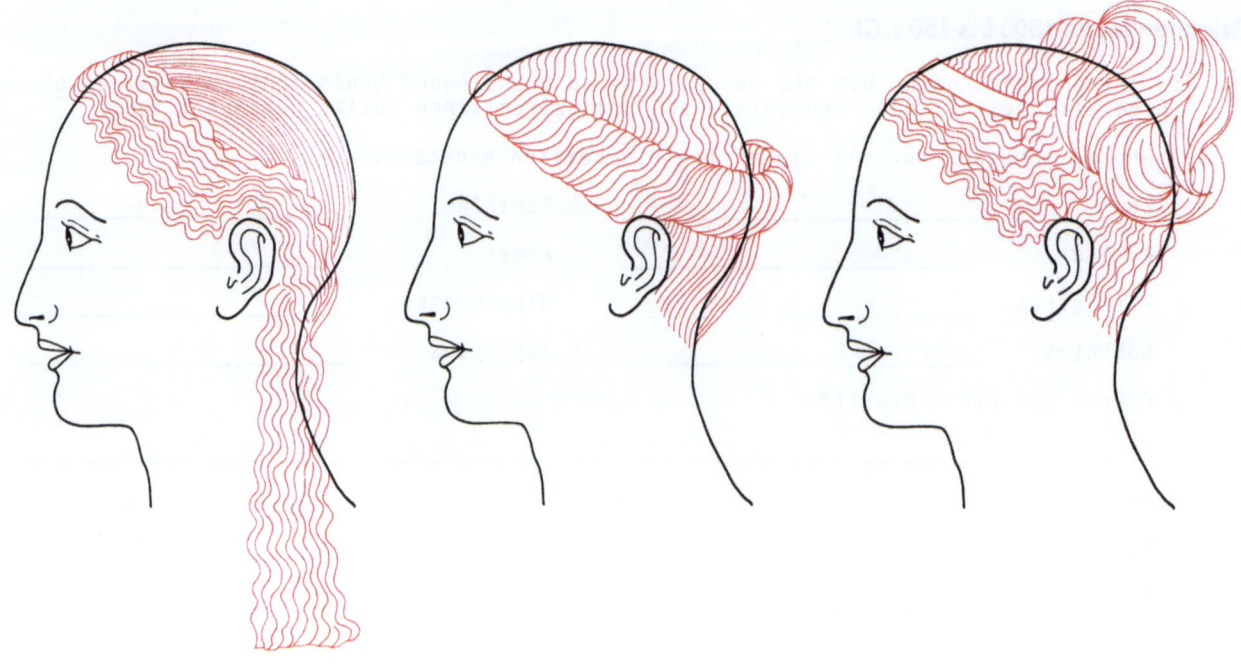

⑧ Rechnen, Schreiben, Lesen, aber auch Lyraspiel, Gesang und Sport gehörten zur Ausbildung eines griechischen Bürgers. Auf der Schale sehen Sie eine solche Unterrichtsszene. Warum muß die unten abgebildete Gestalt ein Junge sein?

Mädchen und Frauen nahmen nicht am öffentlichen Leben teil, sondern waren ans Haus gebunden. Eine Ausbildung in den oben genannten Fertigkeiten hielt man deshalb für sie überflüssig.

12 Stilkunde und Frisurengeschichte

12.1.4

Name:　　　　　　　　　　　　Klasse:　　　　　　Datum:

Römer (etwa 500 v. bis 500 n. Chr.)

① Unsere Karte gibt das Römische Reich (Imperium Romanum) zur Zeit der größten Ausdehnung an. Schreiben Sie in die Karte die Namen der heutigen Länder und notieren Sie die europäischen Hauptstädte.

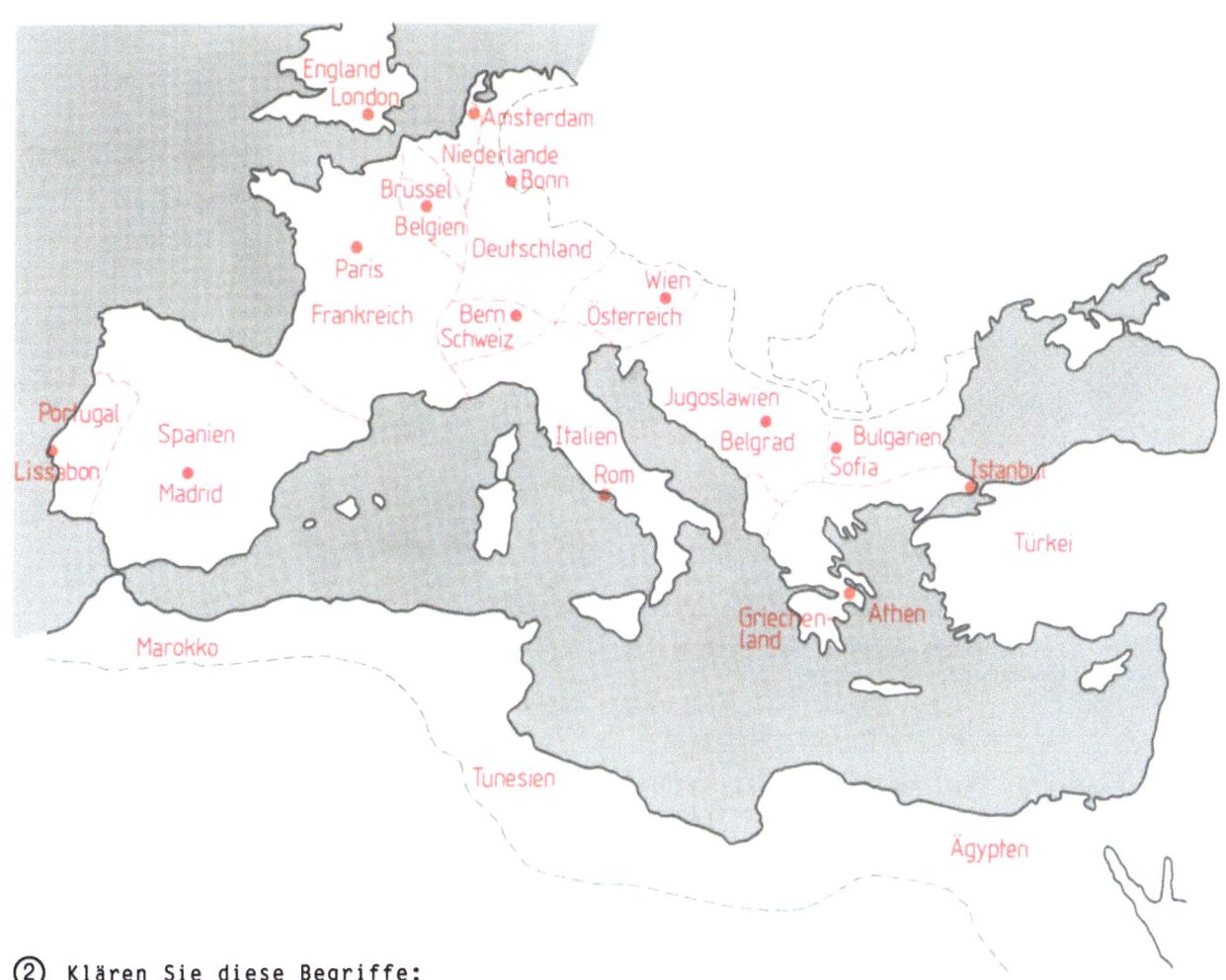

② Klären Sie diese Begriffe:

a) Aquädukt — über eine Brücke geführte Wasserleitung
b) Therme — warme Quelle/Badeanlage
c) Basilika — Kirchenbauform mit erhöhtem Mittelschiff
d) Forum — Maktplatz
e) Patrizier — vornehmer Bürger
f) Plebejer — Angehöriger der niederen Schichten
g) Legionär — Soldat
h) Tonsor — freigelassener Rasiersklave, der sich selbständig macht

③ a) Mit welchen Methoden versuchten die Römerinnen ihre dunklen Haare aufzuhellen?
Beizen mit ätzender Kalkmilch, Bleichen an der Sonne, Färben mit Kamille

b) Wodurch erleichterten sich die vornehmen Römerinnen den häufigen Wechsel der Frisur und Haarfarbe? durch Perücken

© B.G. Teubner Stuttgart 1992

④ a) Beschreiben Sie die römische Diademfrisur.

Locken werden quer über die Stirn in Bögen aufeinandergelegt.

b) Wie nennt man diese beiden römischen Frisuren?

Wellenfrisur

Lockenfrisur

c) In wieviel Partien muß das Haar geteilt werden?

3 Partien

Mit welchem Arbeitsgerät wurde sie geformt?

Calamistrum

⑤ a) Eine typische römische Männerfrisur zeigt das Haar blattförmig kurz zum Gesicht frisiert. Mit welchem Arbeitsgerät würden Sie heute einen solchen Haarschnitt ausführen?

Mit dem Messer/Effilierer

b) Zu welchen Anlässen wurden auch Männer geschminkt?

Bei öffentlichen Festen

⑥ Beschreiben Sie die Kleidung der Römer.

a) Tunika knie- oder knöchellange Hemden

b) Toga wollener Überwurf

c) Palla über den Kopf gezogener Mantel

d) Stola um die Schultern gelegtes Tuch

⑦ Die Stadt Rom war Weltmeister im Geldausgeben. Denken Sie an den Bau von Straßen, Wasserleitungen, Thermen, Palästen und Theatern sowie die kostenlosen Getreidezuteilungen für Plebejer. Woher stammte dieser Reichtum?

Das Geld wurde in Form von Steuern in den eroberten Gebieten eingetrieben.

12 Stilkunde und Frisurengeschichte

Name:　　　　　　　　　　　　Klasse:　　　　　　　Datum:

Germanen (etwa 1500 v. bis 800 n. Chr.)

① Überlegen Sie, warum in Griechenland ein kompliziertes Staatswesen mit eindrucksvoller Hochkultur bestand, während die Germanen zur gleichen Zeit keine vergleichbaren kulturellen Leistungen hervorbrachten.

Germanen waren nicht seßhaft. Klimatische Verhältnisse zwangen die Germanen, sich hauptsächlich mit der Suche nach Unterkunft und Nahrung zu beschäftigen.

② Warum zogen die Germanen nach Süden?

Übervölkerung, Sturmfluten und Klimaverschlechterungen waren die Gründe.

③ Beschreiben Sie die Kleidung der Germanen.

a) Frauen: langes, ärmelloses Kleid aus Flachs oder Wolle, evtl. mit einer Fibel verziert. Manche Stämme trugen auch Rock und ärmellose Jacke.

b) Männer: Unterkleidung aus Leinen, darüber knielange Hosen und Leinenkittel, Lederschuhe mit Riemen gebunden, Waden mit Binden umwickelt.
Kälteschutz: Tierfelle

④ Wodurch unterscheiden sich die Frisuren junger germanischer Mädchen von denen verheirateter Frauen?

Frauen: Langes Haar, gescheitelt oder geflochten

Mädchen: Langes, offen getragenes Haar

⑤ Die Germanen hatten bereits ein "seifenähnliches Produkt" zur Reinigung des Körpers.

a) Aus welchen Stoffen entstand diese "Seife"? Holzasche mit Tierfett

b) Woraus wird heute Seife hergestellt?

Natronlauge + Fette → Glycerin + Seife

Natriumcarbonat + Fettsäure → Seife + H_2O + CO_2

⑥ Die Germanen lebten in kleinen Siedlungen oder Einzelhöfen in Flußnähe. In den langen rechteckigen Häusern wohnten die Menschen mit den Tieren unter einem Dach. Die Sippen (Großfamilien) waren autark, d.h. wirtschaftlich unabhängig - alle Dinge, die man zum täglichen Leben brauchte, wurden selbst hergestellt. Welche Berufe/Tätigkeiten mußten die Mitglieder der Sippe beherrschen?

Hausbau:	Architekt, Maurer, Zimmermann
Möbel:	Schreiner
Nahrungsmittel: (Brot/Gemüse/Milchprodukte/Fleisch)	Bäcker, Fleischer, Meier (für Milch + Käse), Müller, Gärtner
Koch-/Vorratsgefäße:	Töpfer, Spengler
Ackerbau/Tierhaltung:	Landwirt
Kleidung/Schuhe:	Spinnen, Weben, Schneidern, Gerber, Schuster, Kürschner
Waffen/Werkzeug:	Metallgewinnung, Schmied, Steinmetz

© B. G. Teubner Stuttgart 1992

⑦ Die Landkarte zeigt die wichtigsten Länder der Antike und des Alterums.

a) Tragen Sie ein: Nil / Rom / Athen / Limes / Nordsee / Ostsee / Schwarzes Meer / Rotes Meer / Mittelmeer

b) Verbinden Sie durch farbige Linien die Abbildungen und Texte mit den passenden Ländern. Ägypten blau / Griechen grün / Römer rot / Germanen schwarz

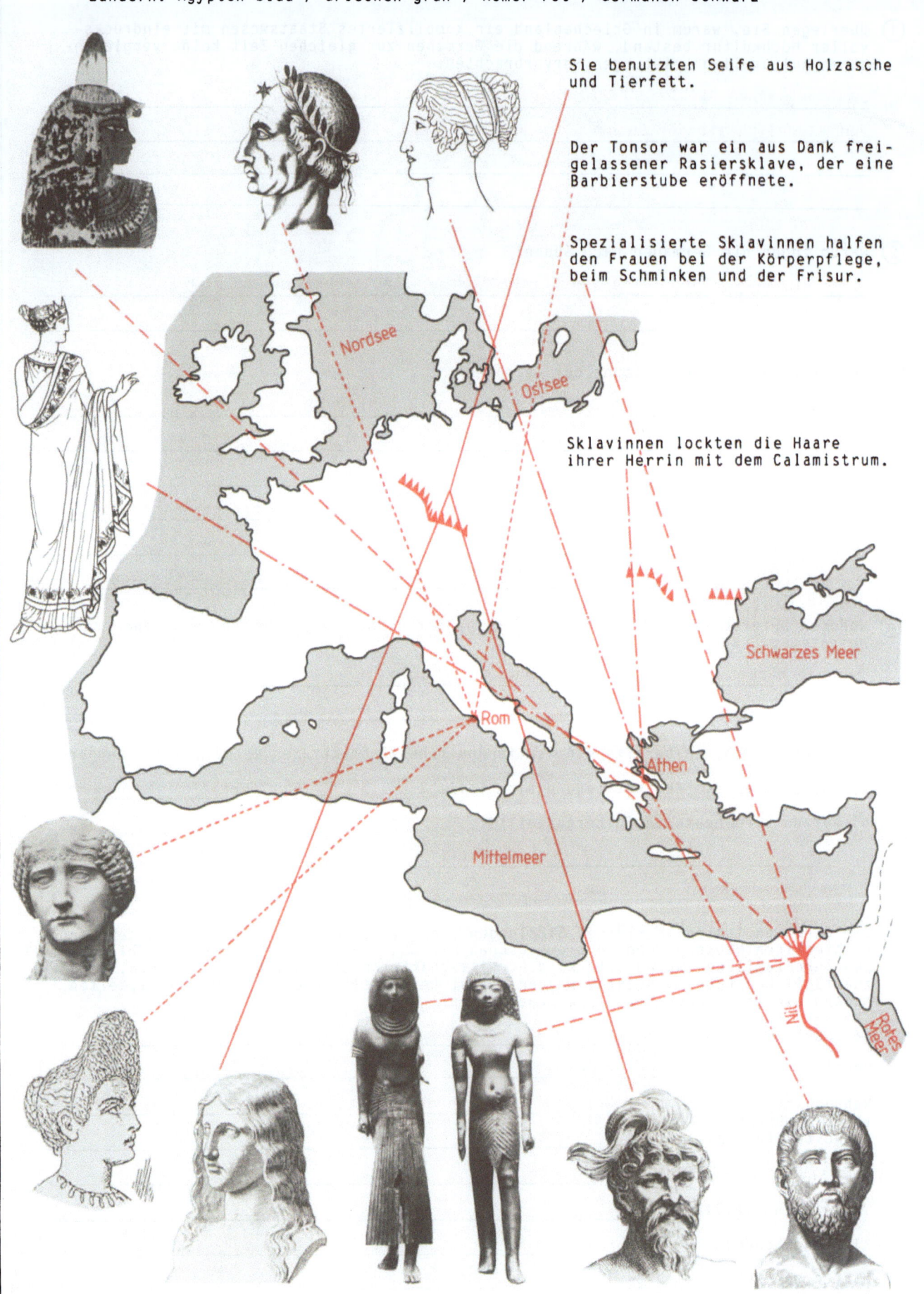

Sie benutzten Seife aus Holzasche und Tierfett.

Der Tonsor war ein aus Dank freigelassener Rasiersklave, der eine Barbierstube eröffnete.

Spezialisierte Sklavinnen halfen den Frauen bei der Körperpflege, beim Schminken und der Frisur.

Sklavinnen lockten die Haare ihrer Herrin mit dem Calamistrum.

12 Stilkunde und Frisurengeschichte

Name: Klasse: Datum:

Romanik / Gotik (Mittelalter) (etwa 800 bis 1500)

① Unten finden Sie Aussagen zu den beiden Stilepochen Romanik und Gotik. Leider sind sie durcheinandergeraten! Ordnen Sie den vorgegebenen Kategorien zu.

Rundbogenstil / Man baut Rippen- und Sterngewölbe, die durch Strebebögen und Strebepfeiler gestützt werden / Aus den Kreuzrittern werden Raubritter / Kirchen mit dicken Mauern und kleinen Fenstern dienen als Wehrbauten / Schminke wurde durch Luxusgesetze verboten / Karl der Große / Die Kaufleute schützen sich durch Bündnisse (Hanse/Rheinbund) / Die Kirchtürme erheben sich leicht und fast schwerelos in den Himmel / Standesgesellschaft: Adel/Geistliche-Handwerker und Bauern / 1250 bis 1500 / Der Bader schneidet den Männern die Haare, zieht Zähne und behandelt Wunden / Reichsgründungen / Schmale anliegende Kleider werden modern / Männer und Frauen baden gemeinsam, das Bad wird zum Festgelage / Zeit des aufsteigenden Bürgertums / Rothaarige Frauen werden als Hexen verbrannt / 800 bis 1250 / Öffentliche Badestuben werden an bestimmten Tagen von Männern, an anderen von Frauen aufgesucht / Baderberuf gilt als unehrenhaft

	Romanik 800 - 1250	Gotik 1250 - 1500
Gesellschaft	Standesgesellschaft: Adel/Geistliche, Handwerker, Bauern. Reichsgründungen. Karl der Große.	Zeit des aufstrebenden Bürgertums. Aus Kreuzrittern werden Raubritter. Kaufleute schützen sich durch Bündnisse (Hanse/Rheinbund).
Architektur	Rundbogenstil. Kirchen mit dicken Mauern und kleinen Fenstern dienen als Wehrbauten.	Kirchtürme erheben sich leicht und fast schwerelos in den Himmel. Man baut Rippen- und Sterngewölbe, die durch Strebebögen und -pfeiler gestützt werden.
Kleidung, Frisur, Kosmetik	Schminke durch Luxusgesetze verboten	Rothaarige Frauen werden als Hexen verbrannt. Schmale anliegende Kleider werden modern
Berufsgeschichte	Der Bader schnitt den Männern die Haare, zog Zähne und behandelte Wunden. Öffentliche Badestuben wurden an bestimmten Tagen von Männern, an anderen von Frauen aufgesucht.	Baderberuf gilt als unehrenhaft. Männer und Frauen badeten gemeinsam, das Bad wurde zum Festgelage.

② a) Sehen Sie sich die Übersicht an und ordnen Sie das auf dem Ausschneidebogen vorhandene Material ein.
b) Ergänzen Sie leere Felder mit Hilfe des Fachkundebuchs.

Epoche	Frisuren	Kleidung	Berufs-geschichte	Körper-pflege	Architektur	Stilelemente	Literatur/Schrift	Persönlich-keiten	Allgemeines
ANTIKE ÄGYPTER 2800 bis 700 v.Chr. Zeit		Frauen: Kala-siris, ein hemdartiges Gewand Männer: Lendenschurz	Spezia-lisierte Sklavinnen	Tägliches Bad Salben und Öle Schminke				Tutenchamun Nofretete Ramses	Die Seele lebt nach dem Tod weiter und kehrt in den Körper zurück
GRIECHEN 1500 bis 150 v.Chr. Zeit				Gymnastik Massagen Salben Öle Schminke			Erste Buchstabenschrift Griechisch	Zeus Homer Pythagoras	Stadtstaaten Demokratie In einem gesunden Körper wohnt ein gesunder Geist
RÖMER 500 v.Chr. bis 500 n.Chr. Zeit			Tonsor Kosmeten	Thermen aufwendige Körper-pflege Schwitz-bäder		erste Rundbögen in Gebäuden	Lateinisch	Cäsar Cicero Nero	Christenverfolgung Brot und Spiele
GERMANEN 1500 v.Chr. bis 300 n.Chr. Zeit			Menschen frisieren sich selbst	Tägliches Bad Herstellung von Seife		Sonnen-scheibe	Runenschrift	Hermann der Cherusker Wodan	Langes, offenes Haar als Zeichen der Freiheit
MITTELALTER ROMANIK 800 bis 1250 Zeit			Bader zieht Zähne, behandelt Wunden, Aderlaß, schneidet Haare und Bart	kosmetische Mittel durch Luxusgesetze verboten			Heldenlieder, z.B. Hildebrandslied, Mittelhochdeutsch	Karl der Große Heinrich der Löwe	Kreuzzüge Ora et labora (Bete und arbeite) Die Menschen glauben, die Erde sei eine Scheibe
GOTIK 1250 bis 1500 Zeit			Bader wird unehrenhaft neuer Beruf: Barbier	Badestuben			Minnesang	Albrecht Dürer, Walther von der Vogelweide	Infektionskrankheiten, Pest, Pocken Rothaarige wurden als Hexen verbrannt

12

Ausschneidebogen zu Seite 12

Tägliches Bad Salben und Öle Schminke				Runenschrift		Brot und Spiele
Lateinisch	Hermann der Cherusker Wodan	Spezialisierte Sklavinnen	Frauen: Kalasiris, ein hemdartiges Gewand Männer: Lendenschurz	Heldenlieder, z.B. Hildebrandslied, Mittelhochdeutsch		Die Seele lebt nach dem Tod weiter und kehrt in den Körper zurück
	Zeus Homer Pythagoras				Tertura	Rothaarige wurden als Hexen verbrannt
	Tägliches Bad Herstellung von Seife	Thermen aufwendige Körperpflege Schwitzbäder	Griechisch	Bader zieht Zähne, behandelt Wunden, Aderlaß, schneidet Haare und Bart		Ora et labora (Bete und arbeite) Die Menschen glauben, die Erde sei eine Scheibe
Tonsor Kosmeten	Bader wird unehrenhaft neuer Beruf: Barbier	Menschen frisieren sich selbst	Cäsar Cicero Nero		Gymnastik Massagen Salben Öle Schminke	In einem gesunden Körper wohnt ein gesunder Geist
erste Rundbögen in Gebäuden	Albrecht Dürer, Walther von der Vogelweide			kosmetische Mittel durch Luxusgesetze verboten		Langes, offenes Haar als Zeichen der Freiheit

12 Stilkunde und Frisurengeschichte

Name: Klasse: Datum:

Renaissance (1500 bis 1600)

① Was bedeutet das Wort "Renaissance" in der Übersetzung?
Renaissance, frz. Wiedergeburt

② Schreiben Sie hinter diese Aussagen, ob sie auf das Mittelalter oder die Renaissance zutreffen.

a) Blonde und rote Haarfarben kommen in Mode. — Renaissance
b) Die typische Männerfrisur ist die Kolbe. — Renaissance
c) Der Barbier übernimmt die Aufgaben des Baders. — Mittelalter
d) Die Kleidung wird aus kostbaren Stoffen hergestellt. — Renaissance
e) Zeit der Reichsgründungen. — Mittelalter
f) Die Bürger bauen stolze Wohn- und Rathäuser. — Renaissance
g) Die Frauen verstecken ihr Haar unter Hauben. — Mittelalter

③ Who is who? Klären Sie mit Hilfe Ihres Fachkundebuchs und eines Lexikons, weshalb folgende Personen berühmt wurden.

a) Nikolaus Kopernikus — Astronom, fand heraus, daß Planeten sich um die Sonne bewegen.
b) Martin Luther — Reformator und Theologe
c) Johannes Gutenberg — Erfinder des Buchdrucks
d) Christoph Columbus — Entdecker Amerikas
e) Galileo Galilei — Physiker, entdeckte Fallgesetze und Fernrohr
f) Leonardo da Vinci — Maler, Architekt und Naturwissenschaftler
g) Albrecht Dürer — Maler (z.B. Betende Hände, Der Hase, Die Mutter)

④ Beschreiben Sie die spanische Mode (typische Stilelemente, Farben, Formen).
Frauen: taillierte, dunkle Kleider mit hochgeschlossenem Kragen, runde Spitzenkrausen um den Hals, Schnürmieder um die Taille.

Männer: schwarzes Wams mit betonten Schultern, Pumphose und Seidenstrümpfe, Spitzenkrause umd den Hals.

⑤ Entwerfen Sie eine Frauenfrisur aus der Renaissance. Berücksichtigen Sie typische Schmuckelemente dieser Zeit. Bitte benutzen Sie dazu ein Extrablatt.

⑥ a) Warum verzichteten die Bürger auf den wöchentlichen Besuch beim Bader?
Sie hatten Angst, sich im öffentlichen Bad mit Geschlechtskrankheiten oder anderen Seuchen zu infizieren.

b) Was ist ein Flohpelz? Welche Aufgaben hatte er?
Kleiner Marder- oder Iltispelz mit Schweine- oder Rinderblut behandelt, sollte Ungeziefer wegfangen.

⑦ a) Aus welchen Stoffen wurden die Kleider hergestellt?

Samt und Brokat, Spitze

b) Durch welche Einzelheiten wirkt die Kleidung kostbar?

Perlen, Stickereien, Pelz

⑧ Woher kennen Sie diese Personen?

20-DM-Schein   100-DM-Schein   5-DM-Schein   50-DM-Schein   10-DM-Schein

⑨ Betrachten Sie die Abbildung des Leipziger Rathauses. Prägen Sie sich die typischen Renaissanceelemente ein und suchen Sie selbst ein Beispiel, das Sie hier einkleben.

12 Stilkunde und Frisurengeschichte

Name: Klasse: Datum:

Barock (1600 bis 1720)

① Betrachten Sie die fünf Abbildungen. Welche beiden Bauwerke sind dem Barockstil zuzuordnen? _c und e_

Zusatzfrage für Kenner: Aus welchen Epochen stammen die anderen drei Gebäude?

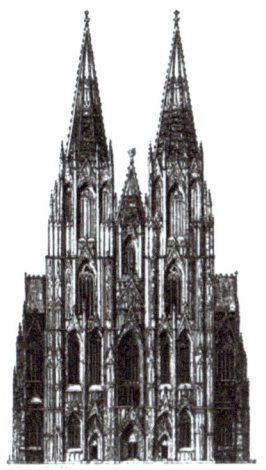  

a) _Gotik_ b) _Griechen_ c) _Barock_

d) _Renaissance_ e) _Barock_

② Notieren Sie berühmte Persönlichkeiten (Maler, Komponisten, Dichter) des Barocks.
Rembrandt, Rubens, Bach, Händel, Shakespeare

③ Die stärksten Einflüsse gingen vom Hof des französischen Königs Ludwig XIV. aus. Der prunkvolle, überladene Baustil wurde ebenso kopiert wie das verschwenderische Hofleben.

a) Wer finanzierte das kostspielige Leben am Hof der Könige? _Arbeiter und Bauern_

b) Was versteht man unter Absolutismus? _Alleinherrschaft der Könige_

④ a) Beschreiben Sie eine Allongeperücke.
Vom Mittelscheitel bis auf die Schultern fallende lange Locken und Wellen

b) Wer trägt heute noch solche Perücken?
Das engl. Parlament bei offiziellen Anlässen, engl. Richter

⑤ a) Wie heißen die typischen Frauenfrisuren des Barocks?

b) Geben Sie eine kurze Beschreibung.

<u>Frühbarock</u>

a) Garcette-Frisur

b) Querscheitel über die Stirn, wenige Stirnlocken, voluminöse, ohrenbedeckende Lockenpartien, Knoten am Hinterkopf

<u>Hochbarock</u>

a) Fontagne-Frisur

b) Haare werden über ein Drahtgestell nach oben gekämmt, darin Perlenschnüre und Locken befestigt, am Hinterkopf ein Schleier und zwei Lockensträhnen.

⑥ a) Die Körperpflege dieser Zeit ist ein unangenehmes Kapitel. Warum verzichtete man auf die Reinigungswirkung von Wasser und Seife?

Man glaubte, Wasser sei gesundheitsschädlich und "verweichliche" die Haut.

b) Was war unter einem "Schönheitspflästerchen" verborgen?

Pickel und Pusteln

⑦ Betrachten Sie die Kleidung der abgebildeten Personen (Rembrandt und seine Frau / Rubens' Söhne).

a) Beschreiben Sie die Wirkung der Kleidung.

b) Rembrandt und Rubens waren angesehene Künstler. Lassen Sie Ihrer Fantasie freien Lauf und versetzen Sie sich in eine der abgebildeten Personen. Wie mögen sie wohl den Tag verbracht haben? (Verwenden Sie die Informationen aus der Fachkunde.)

12 Stilkunde und Frisurengeschichte

Name: Klasse: Datum:

Rokoko (1720 bis 1789)

① Kreuzen Sie die Aussagen an, die auf die Epoche des Rokokos zutreffen.

- [x] a) Der Adel bezahlt keine Steuern.
- [ ] b) Die Männer tragen Allongeperücken.
- [ ] c) Die typische Männerfrisur ist die Kolbe.
- [x] d) Vornehme Bürger sprechen französisch.
- [x] e) Dampf- und Spinnmaschine werden erfunden.
- [ ] f) Gutenberg erfindet den Buchdruck.
- [ ] g) Ärzte erkennen den Zusammenhang zwischen Schmutz und Seuchen und fordern das tägliche Bad.

② a) Wir haben für Sie den Frühstückstisch gedeckt. Welches Porzellan zeigt typische Rokokoformen und Ornamente? _b_

a)

b)

c)

d) e)

b) Wie heißen die Ornamente?

Muschelornament   _Rocailleornament_

③ Die Damen am Hof trippelten mit ihren kostbaren Gewändern durch die Spiegelsäle.

a) Welche Stoffe wurden verarbeitet? _Brokat, Damast, Seide, Samt,_

b) Welche Farben passen am besten zu den verspielten Gewändern?

Pastellfarben, weiß und gold

④ Beschreiben oder zeichnen Sie die typischen Damenfrisuren des Rokokos.

a) Frührokoko   Niedrige, weiße Puderfrisuren mit Locken nach dem Vorbild der Madame Pompadour

b) Hochrokoko   Hohe, weiße Puderfrisuren mit Perlen, Federn, Locken geschmückt und kunstvoll aufgebaut nach dem Vorbild der Marie-Antoinette

z.B.

c) Spätrokoko   Breite, niedrige weiße Puderfrisuren nach dem Vorbild der Prinzessin Lamballe

⑤ a) Die Herren trugen Zopffrisuren oder weiß gepuderte Beutelperücken. Überlegen Sie, warum der Zopf in einen Stoffbeutel aus Seide gesteckt wurde.

Der Puder hätte sonst die Kleidung zu sehr verschmutzt.

b) Nach welchem berühmten Herrn ist der Zopf mit Samtschleife auch heute noch benannt?

Wolfgang Amadeus Mozart

12 Stilkunde und Frisurengeschichte

Renaissance / Barock / Rokoko

① a) Erklären Sie folgende Begriffe aus den Bereichen Mode und Frisur.
b) Kreuzen Sie die entsprechende Epoche an.

Begriff	Erklärung	Renaissance	Barock	Rokoko
Mühlsteinkrause	runder großer Spitzenkragen	X		
Justaucorps	Schoßweste		X	
Schaube	pelzgefütterter, weiter Ärmelrock	X		
Garcette	Stirnfransen (Frisur)		X	
Spitzenjabot	statt der Krawatte getragene Rüsche			X
Tizianrot	leuchtend rote Haarfarbe, benannt nach dem Maler Tizian	X		
Fontagne	Hochsteckfrisur, nach der Herzogin von Fontagne benannt		X	
à la Lamballe	asymmetrische Frisur			X
Barett	hutartige Kopfbedeckung, oft mit Federn geschmückt	X		
Allonge	große, lange Lockenperücke für Männer		X	
Kolbe	pagenkopfartige Männerfrisur	X		

② Was gehört zu wem? Schreiben Sie die entsprechenden Buchstaben auf die Zeilen.

Renaissance
a / c / h / i / n

Barock
b / e / j / k / l / m

Rokoko
d / f / g / o

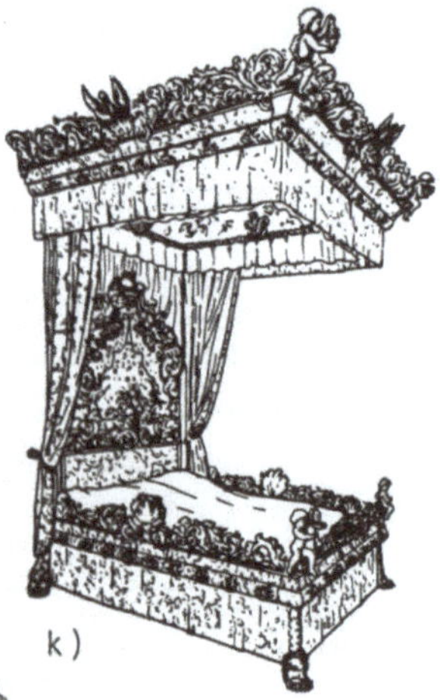

12 Stilkunde und Frisurengeschichte

Directoire / Empire (1789 bis 1815)

① Warum hätte sich 1789 niemand mit prunkvoller Rokokorobe und Frisur in die Öffentlichkeit getraut?

Man hätte ihn für adelig gehalten und wahrscheinlich geköpft!

② Welche dieser Gebäude sind klassizistisch? b und e

a)

b)

c)

d)

e)

f)

③ Beschreiben Sie die Damenmode der Revolutionsjahre.

bewußt unordentliche Kleidung

Kostüme mit weiten, hinten gerafften Röcken

im Ausschnitt ein gekreuztes Halstuch

④ Die Abbildung zeigt eine Dame in der typischen Kleidung des Empire.

a) Beschreiben Sie die Wirkung des Kleides links.

kindlich, zart, verführerisch, unschuldig

b) Woran erinnert das Kleidungsstück?

Nachthemd, Kinderkleid

c) Wie wirkt dagegen das rechte "Reisekostüm" der Revolutionsjahre?

resolut, selbstbewußt, streng, uniformartig, fast emanzipiert

⑤ a) Napoleon ahmte die Frisur des römischen Kaisers Julius Cäsar nach. Was hat er sich wohl dabei gedacht?

Er wollte wahrscheinlich nicht nur so aussehen wie sein großes Vorbild, sondern

auch mit Hilfe seiner Feldzüge ein neues "Imperium Romanum" errichten.

b) Welche wichtige Neuerung in der Körperpflege setzte Napoleon durch?

tägliches Bad

Wäschewechsel

kaum noch Verwendung von Schminke

und Puder

12 Stilkunde und Frisurengeschichte

Name: Klasse: Datum:

Biedermeier (1815 bis 1848)

① a) Im Namen dieser Epoche steckt das Wort "bieder". Suchen Sie gleichbedeutende Adjektive (Eigenschaftswörter).

brav, rechtschaffen, bürgerlich, beschaulich, tugendhaft, artig

b) Schließen Sie vom Namen "Biedermeier" auf den Zeitgeist der Epoche.

Rückzug der Bürger ins Privatleben

Betonung der Häuslichkeit und des Familienlebens

② Betrachten Sie die abgebildete Frisur.

a) Wieviel Teile bilden die typische Biedermeierfrisur? 3

b) Zeichnen Sie Scheitelformen, die diese Teilung des Haares ermöglichen.

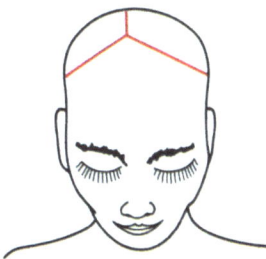
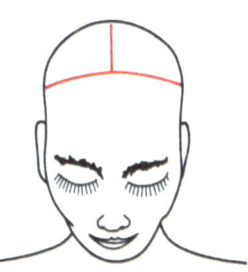
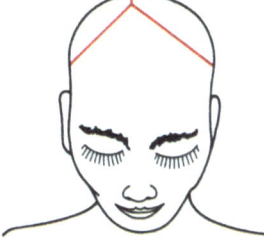
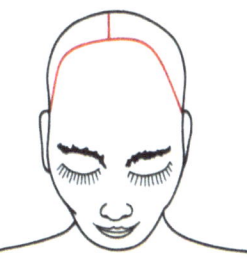

③ Schon im Biedermeier gab es Leute, die mit unseren Punkern vergleichbar sind. Sie trugen zwar keine grünen Haare, setzten sich aber auch durch Frisur und Kleidung vom "Normalbiedermann" ab. An welchen Äußerlichkeiten erkannte man sie?

Schillerkragen, längere Haare, Schnurr- oder Vollbart

④ Erklären Sie folgende Begriffe zur Kleidung:

a) Hammelkeule   breiter, angekrauster Puffärmel, nach unten schmaler werdend

b) Volant   eingekräuselte Rüsche aus Stoff oder Spitze

c) Schutenhut   Hut mit breiter, unter dem Kinn gebundener Krempe

d) Vatermörder   hoher, gestärkter Stehkragen

e) Halsbinde   geknotetes Halstuch

⑤ a) Betrachten Sie die Bilder. Beschreiben Sie die Wirkung der Kleidung.
kindlich-verspielt, unschuldig, tugendhaft, brav und puppenhaft

b) Welches Frauenbild steckt hinter dieser "Aufmachung"?
Gewünscht werden anlehnungsbedürftige Frauen, deren Interesse nur den eigenen vier Wänden gilt. Sie sollen keine Entscheidung ohne ihren Mann treffen und sich völlig unpolitisch verhalten.

⑥ Welcher Blumenstrauß wird als Biedermeierstrauß bezeichnet? __c__

12 Stilkunde und Frisurengeschichte

Zweites Empire (1848 bis 1870)

① Betrachten Sie die Seite aus einem Modejournal. Woran erkennt man, daß es sich um Bekleidung aus dem Zweiten Empire handelt?

große Saumweite des Rockes

kleine Hüte mit Bändern unter dem Kinn

schmale Taille (Korsett)

Spitzen, Schleifen, Bänder

② a) Unter welchen Problemen mußten die Arbeiter damals leiden?

   Lange Arbeitszeiten, keine Sozialversicherungen, niedrige Löhne, schlechte Arbeitsbedingungen

   b) 1848 wird in Deutschland der zwölfstündige Arbeitstag gefordert; 15 Stunden waren Durchschnitt (6-Tage-Woche). Berechnen Sie die wöchentliche Mehrarbeit im Vergleich zu Ihrer Arbeitszeit.

   Bei 40-Stunden-Woche 50 Stunden Mehrarbeit

③ Das "Zweite Empire" wird von verschiedenen Strömungen geprägt; zum einen durch die fortschreitende Industrialisierung und Technisierung, zum anderen durch das Wiederaufleben früherer Epochen.

   a) Zu welchen Epochen kehrte man zurück? Rokoko und Empire

   b) Stellen Sie sich vor, Sie müßten sich dieser Mode entsprechend anziehen. Welche zwei Kleidungsstücke müßten Sie sich zuerst kaufen?

   Korsett und Reifrock

④ a) Was ist ein Chignon? Haarersatz

   b) Die damaligen Herren waren Pomadenheinis. Welche Produkte haben die Pomade heute abgelöst?

   Frisiercreme, Frisiergel

⑤ Bei der Kutschfahrt im Park schützte sich die vornehme Dame mit einem reizenden Sonnenschirmchen, um ihre vornehme Blässe zu erhalten.

   a) Welche Personen hatten gebräunte Haut? Kreuzen Sie an.

   - [x] Landarbeiter
   - [ ] Bäcker
   - [x] Seeleute
   - [ ] Weißnäherin
   - [ ] Fleischer
   - [ ] Hutmacherin
   - [ ] Köchin
   - [x] Magd

   b) Warum war braune Haut verpönt?

   Wer braune Haut hatte, mußte den ganzen Tag draußen körperlich arbeiten, war arm und gehörte zum niederen Stand.

   c) Welche Vorstellungen verbinden Sie heute mit gebräunter Haut?

   Urlaub, Sport, Freizeit

   d) Warum wünschen sich Hautärzte die vornehme Blässe wieder zurück?

   Zuviel Sonne führt zu vorzeitiger Hautalterung und Hautkrebs.

⑥ Beschreiben Sie die Kleidung der Herren.

   Herren trugen Frack oder Gehrock mit bunter Weste und langer Hose. Ab 1860 wurde alles aus dem gleichen Stoff hergestellt, man erhielt den Anzug.

12 Stilkunde und Frisurengeschichte

Name: Klasse: Datum:

Gründerjahre (1870 bis 1910)

① Begründen Sie den Namen der Epoche.
1871 Gründung des Deutschen Reiches
Fabrikgründungen und fortschreitende Industrialisierung

② Erklären Sie den Begriff "Historismus".
Nachahmung früherer Baustile, z.B. neugotische oder neubarocke Bauweise

③ Welche Neuerungen in der Damen- und Herrenbekleidung zeigen den Stil der "neuen technischen Sachlichkeit"?
Damen: *Schmale, enge Kleider*
kleine, frech in die Stirn gezogene Hüte

Herren: *dunkle Stoffe, schlichte Formen*
Sakko statt Frack
statt vornehmem Zylinder kleine Melone

④ a) Welche Erfindung beeinflußte die Frisurenmode um 1900?
Die Ondulation von Marcel Grateau
b) Wie wurde das Haar frisiert?
Die langen Haare wurden zu breiten Wellenfrisuren eingeschlagen und gesteckt.

⑤ a) Nennen und zeichnen Sie die beliebteste Bartform dieser Zeit.
Kaiser-Wilhelm-Bart
b) Welche Mittel und Geräte waren zur Bartpflege erforderlich?
Bartbinde, Schere, Bartwichse, Bartbürste

⑥ 1868 betrug die Zahl der Kurgäste im Seebad Westerland/Sylt 1099. 1905 waren es bereits 22150 Besucher.
a) Wieviel Prozent etwa beträgt die Steigerung der Gästezahl?
2000 %
b) Worauf war die Badelust der Leute zurückzuführen?
Baden galt als schick
Ärzte empfahlen Licht, Luft und Sonne für den Körper.
Das Bürgertum hatte genügend Geld, um sich eine Badekur leisten zu können.

⑦ Eine freundliche ältere Dame hat uns die Lieblingszeitschrift ihrer Mutter aufgehoben. Vergleichen Sie die Mode von 1876 mit der des Zweiten Empire. Wie wirkt der Trend?

Die Umrisse werden schmal und lang, der Stil wirkt klarer und geradliniger als die verspielte, ausladende Mode des Zweiten Empire.

88 Der Bazar. [Nr. 11. 13. März 1876. 22. Jahrgang.]

hat, ruht auf einem runden Boden, welcher mit gestricktem Moos überdeckt ist. Für den Boden schneidet man aus Carton einen runden Theil von 14 Cent. im Durchmesser und bekleidet denselben auf beiden Seiten mit schwarzem Kattun. Zur Herstellung des Rostkissens schneidet man aus Shirting nach **Fig. 72** des heutigen Supplements je 8 Theile, verbindet sie den Zeichen gemäß und füllt diese Hülle vor Vollendung der letzten Naht mit Eisenfeilspähnen. Alsdann überspannt man jede Naht entlang mit starkem, straff angezogenem Zwirn, befestigt letzteren an seinen Kreuzungspunkten und führt über die einzelnen Lagen desselben die Bekleidung des Rostkissens mit mattgrüner Zephyrwolle in folgender Weise aus: Man beginnt an einem Kreuzungspunkt der Zwirnlagen, an welchem die Wollfaden zu befestigen ist und arbeitet stets in die Runde, indem man den Wollfaden je unter der zunächst befindlichen Zwirnlage hindurchschlingt und den ersteren anziehend, die Arbeit fortsetzt (siehe **Abb. Nr. 14**). Bevor man die Form mit Wolle überdeckt hat, leitet man durch den spitzen Theil für den Stiel einen Draht, welchen man mit brauner Wolle umwickelt und mit Blättern von grüner Wolle ausstattet. Zur Ausführung eines Blattes macht man mit grüner Zephyrwolle einen Anschlag von 15 Maschen und häkelt darauf zurückgehend über eine Einlage von feinem Draht 1 f. M. (feste Masche), 13 St. (Stäbchenmaschen), 1 f. M., dann für die Spitze 1 Luftm. (Luftmasche) und auf den Anschlagmaschen zurückgehend 1 f. M., 13 St., 1 f. M., außerdem für den Stiel des Blattes über die beiden Enden des Drahts 3 f. M. Für das größere Blatt hat man nur einen entsprechend längeren Maschenanschlag zu arbeiten und demgemäß die Maschenzahl einzurichten. Das Moos wird mit grüner Zephyrwolle in mehre-

Lage stets den Ansatz der vorhergehenden decken muß. Die eingefügten Blumen sind aus weißer und lila Wolle gefertigt; den inneren Theil derselben stellt man aus gelber Wolle her, indem man einen Faden Wolle etwa 20mal um einen Stab von 2 Cent. Umfang wickelt, durch diese Schlinge geglühten Draht leitet und die Enden desselben zusammendreht. Hierauf umwickelt man den Büschel Wolle in seiner Mitte mehrfach mit Zwirn, schneidet die Schlingen auf und beschneidet die Wollfäden gleichmäßig. Für jede der Blumen hat man um denselben Stab 24 Schlingen zu legen; jede Schlinge wird mit feinem Draht, welcher zur Hälfte zusammengelegt zwei Enden ergibt, befestigt, so daß sich die Enden kreuzen. Nachdem man die Schlingen zur Rundung geschlossen, setzt man sie dem mittleren Theil der Blume

mit einigen Stichen auf der Rückseite gegen. Die vollendeten Blumen sowie das Rostkissen werden nach Abb. in dem moosartigen Boden arrangirt.
[34,1548. 320b.]

Nr. 15. Spitze zur Garnitur von Wäsche-Gegenständen.
Gewebtes Bördchen und Häkelarbeit.

Diese Spitze ist mit einem in der Weise der Abb. gewebten Bördchen, an dessen einer Seite einzelne Oesen stehen, während an der anderen Seite dreifache Oesen gewebt sind, und mit dreifärbigem Häkelgarn Nr. 80 folgender Art gearbeitet. 1. Tour: An der Seite des Bördchens, an welcher die einzelnen Oesen stehen, * 5 f. M. (feste Maschen) in die nächsten 5 Oesen, 5 Luftm. (Luftmaschen), der 1. der zuvor gearbeiteten 5 f. M. ang. (angeschlungen, man läßt dazu die M. von der Nadel, sticht dieselbe in die betreffende M. hinein und zieht die abgelassene M. hindurch), 1 f. M., 1 h. St. (halbe Stäbchenmasche), 5 St. (Stäbchenmaschen), 1 h. St., 1 f. M. in die zuvor gearbeiteten 5 Luftm., 1 f. K. (feste Kettenmasche) in die letzte der zuvor gearbeiteten 5 f. M., 6 Luftm., 1 f. M. in die nächste Oese, die Arbeit auf die Rückseite gewendet, 4 Luftm., mit 1 f. M. die mittlere Oese der dreifachen Oesen an der andern Seite des Bördchens und zwar der oberhalb der Oese, in welche die letzte f. M. gehäkelt wurde, sowie der zu beiden Seiten derselben befindlichen dreifachen Oesen zusammengefaßt (siehe den Tieseneinschnitt der Bogen), 4 Luftm., die Arbeit auf die rechte Seite gewendet, der letzten f. M., welche in die einzelne Oese gearbeitet

Nr. 20. Kleid für Kinder von 3–5 Jahren. Rückansicht.
(Hierzu Nr. 21.) Schnitt und Beschr.: Vorders. d. Suppl., Nr. V, Fig. 24–30.

Nr. 21. Kleid für Kinder von 3–5 Jahren. Vorderansicht.
(Zu Nr. 20.) Schnitt und Beschr.: Vorders. d. Suppl., Nr. V, Fig. 24–30.

Nr. 23. Mantelet aus Kaschmir. Rückansicht.
(Zu Nr. 22.) Schnitt und Beschr.: Rücks. d. Suppl., Nr. VII, Fig. 36–41.

Nr. 22. Mantelet aus Kaschmir. Vorderansicht.
(Hierzu Nr. 23.) Schnitt und Beschr.: Rücks. d. Suppl., Nr. VII, Fig. 36–41.

Nr. 24. Dolman aus Kaschmir. Schnitt und Beschr.: Vorders. d. Suppl., Nr. III, Fig. 15–18

Nr. 25. Paletot aus Siciliennestoff. Rückansicht.
(Hierzu Nr. 26.) Schnitt und Beschr.: Rücks. d. Suppl., Nr. IX, Fig. 47–53.

Nr. 27. Paletot aus Tricotstoff. Vorderansicht. (Hierzu Nr. 28.) Schnitt und Beschr.: Vorders. d. Suppl., Nr. II, Fig. 8–14.

Nr. 28. Paletot aus Tricotstoff. Rückansicht. (Zu Nr. 27.) Schnitt und Beschr.: Vorders. d. Suppl., Nr. II, Fig. 8–14.

Nr. 26. Paletot aus Siciliennestoff. Vorderansicht.
(Zu Nr. 25.) Schnitt und Beschr.: Rücks. d. Suppl., Nr. IX, Fig. 47–53.

ren Nüancen in Strickarbeit ausgeführt. Man macht hierzu mit mittelstarken Stahlnadeln einen Anschlag von 10 M. und strickt darauf hin- und zurückgehend ganz rechts einen erforderlich langen Streifen, worauf man abmascht. Alsdann feuchtet man die Arbeit über Dämpfen an und läßt sie trocknen. Man schneidet hierauf längs eines Querrandes der Arbeit die Maschen auf und trennt bis auf 2 M. des gegenüberliegenden Querrandes auf; letztere bilden gleichsam den Kopf dieser moosartigen Franze, welche man dem Boden nach Abb. derartig aufnäht, daß die nächstfolgende

wurde, ang., 6 Luftm., vom * wiederholt. 2. Tour: Stets abwechselnd 1 f. M. um die oberen Glieder der mittleren der nächsten 5 St. der vorigen Tour, 7 Luftm., 1 f. M. in die nächste, die zwischen 6 Luftm. befindliche f. M., 7 Luftm. 3. Tour: Stets abwechselnd 1 f. M. in die zweitfolgende 1 St. in die zweitfolgende Luftm.

Nr. 17 und 41. Fenster- oder Schlafdecke mit Stickerei.
Dessin: Rücks. d. Suppl., Nr. XV, Fig. 71.

Der Fond der Decke aus hellgrauem Flanell

12 Stilkunde und Frisurengeschichte

Name: Klasse: Datum:

20. Jahrhundert, Jugendstil

① Zwei Grundelemente bestimmen die Form des Jugendstils. Auf welche Vorbilder gehen sie zurück?

a) schwingende, weiche Linien   *Natur, insbesondere Pflanzen*

b) sachlich, geradlinige Ornamente   *Geometrie*

② Bei einem Stadtbummel haben wir Gebäudeverzierungen entdeckt.

Welche sind aus dem Jugendstil?   *b, e*

Aus welchen Epochen stammen die anderen?   *a Griechen, c Rokoko, d Griechen*

a)

c)

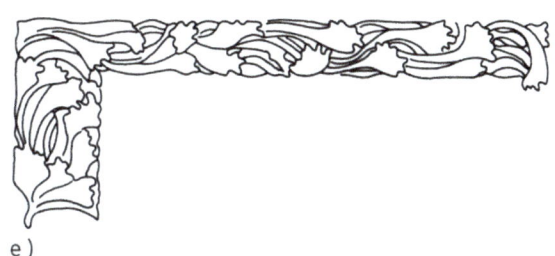
d)

b)   e)

③ Wodurch unterscheiden sich die Ziele der Künstler und Kunsthandwerker der Bauhaus-Bewegung von denen des Jugendstils?

Bauhaus-Künstler forderten klare Formen, Maße und Funktionstüchtigkeit,

Jugendstil bevorzugt geschwungene, bewegte Linien

④ Für wen war die Kunst? Künstlerische und kulturelle Leistungen brachte jede Epoche hervor. Sie sollten sich jedoch mal überlegen, für wen die Künstler ihre Werke schufen.

a) Mittelalter   *für die Kirche*

b) Barock/Rokoko   *für den Adel*

c) Gründerjahre/Jugendstil   *für jedermann*

⑤ Notieren Sie Voraussetzungen für die Ziele "Kunst für das tägliche Leben" und "Kunst für jedermann".

niedrige Preise, Massenproduktion (Fabriken), Handel, Werbung

⑥ Welche Einflüsse hat die Berufstätigkeit von Frauen auf die Mode?

Mode wird praktisch, sachlich, z.T. uniformartig

⑦ Der Bubikopf war die typische Frisur der 20iger Jahre. Wie wird die Frisur heute genannt? Bob

⑧ Warum war die von Karl Nessler erfundene Dauerwelle mit Spiralwicklung für Kurzhaarfrisuren ungeeignet?

Spiralwickler halten nur in langem Haar.

⑨ Woran können Sie erkennen, daß es sich um Jugendstil handelt?

Haare werden abstrakt und als

verschlungene Bänder und Linien

dargestellt.

Peter Behrens: Der Kuss

⑩ Der Jugendstil hatte natürlich auch seine eigene Schrift! Gestalten Sie sich mit Hilfe der abgebildeten Buchstaben ein Namensschild.

ABCDEFGHIJKLMNOPQRSTUVWXYZ

abcdefghijklmnopqrsſtuvwxyz

12 Stilkunde und Frisurengeschichte

12.3.8

Name: Klasse: Datum:

Allgemeine epochenübergreifende Aufgaben

① a) Ordnen Sie folgende Arbeitsgeräte des Friseurs nach der zeitlichen Reihenfolge ihrer Erfindung und ergänzen Sie die Epoche.

Welleneisen / Calamistrum / Rasiermesser / Heißwellapparat / Papillotiereisen / Onduliereisen

b) Geben Sie bei haarformenden Arbeitsgeräten ein Frisurenbeispiel (Zeichnung oder Kopie).

Epoche	Arbeitsgerät	Beispiele	Epoche	Arbeitsgerät	Beispiele
Ägypter	Rasiermesser		2. Empire	Welleneisen	
Griechen	Calamistrum		Gründerjahre	Onduliereisen	
Barock	Papillotiereisen		Jugendstil	Heißwellapparat	

② Ergänzen Sie die Übersicht zur Berufsgeschichte des Friseurs.

	Epochen	Wer war für die Haar- und Körperpflege zuständig?	Welche Kenntnisse und Fertigkeiten wurden verlangt?
Altertum	Ägypter	spezialisierte Sklavinnen zur Körperpflege	Zubereiten des täglichen Bades / Einsalben und Einölen / Schminken / Färben der Handflächen und Nägel mit Henna / Frisieren der Wollperücken
Antike	Griechen	Sklavinnen und Dienerinnen für die Frauen / Haar- und Bartschneidestuben für die Männer	Zubereiten des täglichen Bades / Massage / Gymnastik / Einsalben und Einölen / Schminken / Haarschneiden und Rasieren

② Fortsetzung

Epoche	Zeit	Helfer	Tätigkeiten
Antike	Römer	Kosmeten	Zubereiten von Bädern und Schwitzbädern
			Frisieren und Bleichen von Haaren und Perücken
			Schminken
		Tonsor	Rasieren und Haareschneiden
	Germanen	keine Helfer für Haar- und Hautpflege	Seifenähnliches Produkt aus Holzasche und Tierfett zur Körperpflege
Mittelalter	Romanik	Bader	Zubereiten von Warmbädern
			Frisieren, Haare- und Bartschneiden
			kleine Chirurgie
	Gotik	Barbier	Frisieren, Haare- und Bartschneiden
			kleine Chirurgie
Neuzeit	Renaissance	Bader	Haare- und Bartschneiden
			keine Warmbäder mehr
	Barock	Perückenmacher	Herstellung und Pflege der Perücken
		Diener/Zofen	Ankleiden und Frisieren
	Rokoko	Perückenmacher	Herstellung und Pflege der Perücken; es gab sogar eine Akademie der Perückenmacher
		Hoffriseure	Erfinden und Ausführen neuer Frisuren
	Direktoire/ Empire	Barbier (Gewerbefreiheit)	Haareschneiden und Rasieren
			kleine Chirurgie wurde verboten
	Biedermeier	Damenfriseur	Herstellen der typischen Frisuren mit Schluppen, Locken, Flechten
		Herrenfriseur	Haare- und Bartschneiden
	Zweites Empire/ Gründerjahre	Friseure	Erstellen von Frisuren mit Wellen und Locken
		Neugründungen von Innungen	Erfindung der Ondulation
	20. Jahrhundert	Friseure	Erfindung der Dauerwelle
			Erstellen von Frisuren unter Einbeziehung chemischer Arbeitsverfahren

12 Stilkunde und Frisurengeschichte   12.3.8

Name: Klasse: Datum:

③ Wer paßt zu wem?

Hier entsteht ein Merkblatt zur Mode von den Ägyptern bis ins 20. Jahrhundert.

a) Spielen Sie Schicksal und "verkuppeln" Sie passende Paare (Ausschneiden und Einkleben!). Vorsicht: zwei Singles haben sich eingeschlichen!

b) Geben Sie die jeweiligen Epochen an und notieren Sie wichtige Merkmale der Kleidung.

	Epoche/Zeit	Begriffe/Merkmale
	Ägypter 2800 bis 700 v. Chr.	Kalasiris Klaft
	Griechen 1500 bis 150 v. Chr.	Chiton Himation
	Römer 500 v.Chr. bis 500 n.Chr.	Tunika Toga Stola, Palla
	Germanen 1500 v.Chr. bis 800 n.Chr.	Frauen: lange, ärmellose Gewänder mit Fibeln gehalten. Männer: Hose und Kittel aus Flachs und Leinen, als Kälteschutz Tierfelle
	Romanik 800 bis 1250	langes, glattes Gewand Gebende Schapel
	Gotik 1250 bis 1500	anliegende, schmale Kleider Hörnerhauben Kruseler, Hennin
	Renaissance 1500 bis 1600	Samt, Brokat Spitzenkrausen Spanische Mode

© B.G. Teubner Stuttgart 1992

③ Fortsetzung

	Epoche	Begriffe/Merkmale
	Barock 1600 bis 1720	Kniehose, Justaucorps Dreispitz, Federschmuck Korsett, Krinoline
	Rokoko 1720 bis 1789	vorn geteilter Rock Rüschen, Spitzen, Wespentaille, Schoßweste, Schoßrock, Kniehose, Schnallenschuhe
	Französische Revolution 1790 bis 1792	lässige Kleidung mit Stulpenstiefeln
	Directoire/ Empire 1789 bis 1815	hemdartiges Kleid mit hochgezogener Taille Frack und Zylinder
	Biedermeier 1815 bis 1848	Rüschenkleid mit Schutenhut Vatermörder und Zylinder
	Zweites Empire 1848 bis 1870	Kleid mit Tournure Jacketanzug und Melone
	Gründerjahre 1870 bis 1910	enge Mode Florentiner Hut
	20. Jahrhundert	Kostüm und Anzug
	Epoche	Begriffe/Merkmale

Ausschneidebogen zu Seite 35/36

Ausschneidebogen zu Seite 39

© B. G. Teubner Stuttgart 1992

12 Stilkunde und Frisurengeschichte

12.3.8

Name: Klasse: Datum:

④ Suchen Sie auf dem Ausschneidebogen auf S. 37 die jeweils in die Epoche passende Frisur.

Epoche	Frisur	Epoche	Frisur
Ägypter		Barock	
Zweistromland		Rokoko	
Griechen		Directoire und Empire	
Römer		Biedermeier	
Germanen		Zweites Empire	
Romanik		Gründerjahre	
Gotik		20. Jahrhundert	
Renaissance			

© B.G. Teubner Stuttgart 1992

⑤ Wer wohnte wann wo? Sehen Sie sich den Ausschneidebogen Seite 41 genau an und ordnen Sie das Material ein.

Epoche	Personen	Möbel	Gebäude
Renaissance 1500-1600			
Barock 1600-1720			
Rokoko 1720-1789			
Directoire/ Empire 1789-1815			
Biedermeier 1815-1848			

Ausschneidebogen zu Seite 40

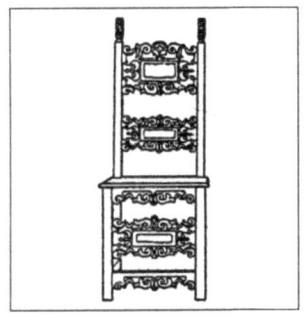

Ausschneidebogen zu Seite 40

12 Stilkunde und Frisurengeschichte

12.3.8

Name: _____ Klasse: _____ Datum: _____

⑥ Eines Tages hörte ich im Radio folgenden "Witz". Ein Jugendlicher wurde nach drei berühmten Persönlichkeiten mit B gefragt. Er antwortete: "Breitner, Beckenbauer, Burgsmüller!" Der Sprecher war etwas verdutzt und meinte, er habe vielmehr an Bach, Beethoven und Brahms gedacht. Prompt kam die Antwort: "Ersatzspieler kenne ich nicht!"

Beschäftigen wir uns mit den Berühmtheiten der Epochen, so entsteht folgende Liste, die sich natürlich noch erweitern läßt.

a) Wodurch wurden die Personen berühmt? Was waren sie?

b) Welcher Epoche gehören sie an?

Auf der Umschlagseite 3 haben wir einige der berühmten Persönlichkeiten abgebildet, damit Ihnen das Einordnen leichter fällt.

Person	a) Was waren sie?	b) Epoche
Johannes Gutenberg	Erfinder des Buchdrucks	Renaissance (1500 bis 1600)
Martin Luther	Bibelübersetzer, Theologe und Reformator	
Albrecht Dürer	Maler und Kupferstecher (Elsbeth Tucher, Der Hase)	
Ludwig XIV.	Sonnenkönig (frz. absoluter Herrscher)	Barock (1600 bis 1720)
Rembrandt	Maler (Segen Jakobs, Mann mit Goldhelm)	
Johann Sebastian Bach	Komponist (Weihnachtsoratorium, Brandenb. Konzerte)	
William Shakespeare	Engl. Dichter berühmter Theaterstücke (Was ihr wollt)	
Gotthold Ephraim Lessing	Deutscher Literat (Minna von Barnhelm)	Rokoko (1720 bis 1789)
Friedrich der Große	König von Preußen, Vertreter preuß. Ideale (z.B. Pünktlichkeit, Fleiß, Sparsamkeit)	
Wolfgang Amadeus Mozart	Komponist (Kleine Nachtmusik, Zauberflöte)	
Johann Wolfgang Goethe	Dichter (Faust, Wahlverwandtschaften)	Directoire und Empire (1789 bis 1815)
Friedrich Schiller	Dichter (Die Glocke, Prinz von Homburg, Die Räuber)	
Ludwig van Beethoven	Komponist (9. Symphonie, Fidelio)	
Napoleon Bonaparte	Feldherr und Kaiser	

Person	a) Was waren sie?	b) Epoche
Carl Spitzweg	Maler (Der arme Poet, Lesendes Mädchen)	
Franz Schubert	Komponist (Unvollendete, Streichquartette)	Biedermeier (1815 bis 1848)
Gebrüder Grimm	Märchensammler (Rotkäppchen, Schneewittchen)	
Karl Marx	Begründer des Sozialismus	
Theodor Storm	Autor realistischer Novellen (Schimmelreiter)	Zweites Empire (1848 bis 1870)
Kaiserin Elisabeth (Sissi)	Kaiserin von Österreich	
Fürst Bismarck	Begründer des Deutschen Reiches	
Gustave Eiffel	Architekt des Eiffelturms in Paris	
Vincent van Gogh	Impressionistischer Maler	Gründerjahre (1870 bis 1910)
Richard Wagner	Komponist (Meistersinger, Der fliegende Holländer)	
Wilhelm Röntgen	Physiker (Entdecker der Röntgenstrahlen)	
Robert Koch	Arzt (Entdecker des Tuberkelbazillus)	
Walter Gropius	Architekt (Begründer des Bauhauses)	
Peter Behrens	Architekt und Designer	20. Jahrhundert
Bertold Brecht	Dichter (z.B. Die Dreigroschenoper)	

c) Wenn Sie Lust haben, sollten Sie die Liste erweitern. Vielleicht treffen Sie auf ein paar berühmte Frauen!

Martin Luther

Albrecht Dürer

Ludwig XIV.

Friedrich der Große

Friedrich Schiller

Napoleon Bonaparte

Gebrüder Grimm

Kaiserin Elisabeth (Sissi)

Fürst Bismarck

If you have any concerns about our products,
you can contact us on
ProductSafety@springernature.com

In case Publisher is established outside the EU,
the EU authorized representative is:
Springer Nature Customer Service Center GmbH
Europaplatz 3, 69115 Heidelberg, Germany

Printed by Libri Plureos GmbH
in Hamburg, Germany